U0078661

好髒的科學：
世界有點重口味

史軍／主編
臨淵、陳婷、鄭煒　等／著

三民書局

序 PREFACE

每位孩子都應該有一粒種子

在這個世界上，有很多看似很簡單，卻很難回答的問題，比如說，什麼是科學？

什麼是科學？在我還是一個小學生的時候，科學就是科學家。

那個時候，「長大要成為科學家」是讓我自豪和驕傲的理想。每當說出這個理想的時候，大人的讚賞言語和小夥伴的崇拜目光就會一股腦的衝過來，這種感覺，讓人心裡有小小的得意。

那個時候，有一部科幻影片叫《時間隧道》。在影片中，科學家們可以把人送到很古老很古老的過去，穿越人類文明的長河，甚至回到恐龍時代。懵懂之中，我只知道那些不修邊幅、蓬頭散髮、穿著白大褂的科學家的腦子裡裝滿了智慧和瘋狂的想法，他們可以改變世界，可以創造未來。

在懵懂學童的腦海中，科學家就代表了科學。

什麼是科學？在我還是一個中學生的時候，科學就是動手實驗。

那個時候，我讀到了一本叫《神祕島》的書。書中的工程師似乎有著無限的智慧，他們憑藉自己的科學知識，不僅種出了糧食，織出了衣服，造出了炸藥，開鑿了運河，甚至還建成了電報通信系統。憑藉科學知識，他們把自己的命運牢牢的掌握在手中。

於是，我家裡的燈泡變成了燒杯，老陳醋和食用鹼在裡面愉快的冒著泡；拆解開的石英鐘永久性變成了線圈和零件，只是拿到的那兩片手錶玻璃，終究沒有變成能點燃火焰的透鏡。但我知道科學是有力量的。擁有科學知識的力量成為我嚮往的目標。

在朝氣蓬勃的少年心目中，科學就是改變世界的實驗。

什麼是科學？在我是一個研究生的時候，科學就是酷炫的觀點和理論。

那時的我，上過雲貴高原，下過廣西天坑，追尋騙子蘭花的足跡，探索花朵上誘騙昆蟲的精妙機關。那時的我，沉浸在達爾文、孟德爾、摩根留下的遺傳和演化理論當中，驚嘆於那些天才想法對人類認知產生的巨大影響，連吃飯的時候都在和同學討論生物演化理論，總是憧憬著有一天能在《自然》和《科學》雜誌上發表自己的科學觀點。

在激情青年的視野中，科學就是推動世界變革的觀點和理論。

直到有一天，我離開了實驗室，真正開始了自己的科普之旅，我才發現科學不僅僅是科學家才能做的事情。科學不僅僅是實驗，驗證重力規則的時候，伽利略並沒有真的站在比薩斜塔上面扔鐵球和木球；科學也不僅僅是觀點和理論，如果它們僅僅是沉睡在書本上的知識條目，對世界就毫無價值。

科學就在我們身邊——從廚房到果園，從煮粥洗菜到刷牙洗臉，從眼前的花草大樹到天上的日月星辰，從隨處可見的螞蟻蜜蜂到博物館裡的恐龍化石……處處少不了它。

其實，科學就是我們認識世界的方法，科學就是我們打量宇宙的眼睛，科學就是我們測量幸福的量尺。

什麼是科學？在這套叢書裡，每一位小朋友和大朋友都會找到屬於自己的答案——長著羽毛的恐龍、葉子呈現寶石般藍色的特別植物、殭屍星星和星際行星、能從空氣中凝聚水的沙漠甲蟲、愛吃媽媽便便的小黃金鼠……都是科學表演的主角。這套書就像一袋神奇的怪味豆，只要細細品味，你就能品嘗出屬於自己的味道。

在今天的我看來，科學其實是一粒種子。

它一直都在我們的心裡，需要用好奇心和思考的雨露將它滋養，才能生根發芽。有一天，你會突然發現，它已經長大，成了可以依託的參天大樹。樹上綻放的理性之花和結出的智慧果實，就是科學給我們最大的褒獎。

編寫這套叢書時，我和這套書的每一位作者，都彷彿沿著時間線回溯，看到了年少時好奇的自己，看到了早早播種在我們心裡的那一粒科學的小種子。我想通過書告訴孩子們——科學究竟是什麼，科學家究竟在做什麼。當然，更希望能在你們心中，也埋下一粒科學的小種子。

主編 史軍

目錄 CONTENTS

噁心動物背後的真相

– 重口味者集中營 –

腫瘤、結石還有各種便便……都是昂貴的寶貝？

世界之大，無奇不有。你一定也曾經看過這樣的八卦：某年某月某地某人殺了隻母雞，發現這隻母雞體內竟然有一團深色或黃色的小玩意，於是，有人說，這就是傳說的「雞寶」，值錢，能治病。也有人說，什麼寶不寶的，不過是這隻母雞長了個腫瘤而已。

這些藥材都是重口味

老實說，對於「雞寶」目前還沒有明確的學術定義，但某些傳統藥物的來源十分重口味卻是真的，比如牛黃，就是牛科動物黃牛或水牛的膽結石，成分複雜，價格昂貴，現在人們已經研究出了人工牛黃，在某些使用中代替了天然牛黃；狗寶呢，是犬科動物狗體內的胃、膽、腎或膀胱的結石，大多是圓球狀或橢圓球狀；還有馬寶，是馬科動物馬的胃腸結石……

除了這些「腫瘤、結石」，人類對動物的大便也十分關注，為了聽起來順耳，還特意給大便們改了名字。比如，蝙蝠那些黑色的便便，起名叫「夜明砂」，用來治療夜盲症；婦科用藥「五靈脂」，其實是哺乳綱松鼠科動物複齒鼯鼠（寒號鳥）、飛鼠或其他親緣關係相近的動物糞便；號稱能讓眼睛變得水汪汪的「望月砂」，又稱「明月砂」，正是晒乾了的野兔糞便；所謂「蠶砂」，就是家蠶拉的便便晒乾製成的，除了治病，人們還把它們裝在枕頭裡當枕芯，據說經常枕蠶砂枕頭可以清肝明目；而世界上最昂貴的咖啡之一——貓屎咖啡，也是用麝香貓便便裡沒有消化乾淨的咖啡豆製成的。

夜明砂

五靈脂

望月砂

貓屎咖啡

「大便」居然是頂級香料

除了用來治病或者品嘗之外，人們還喜歡聞便便。像著名的高檔香料龍涎香，其實是抹香鯨拉出的糞石，是抹香鯨「便祕」的產物。而這事還得從抹香鯨的飲食習慣說起。抹香鯨酷愛吃烏賊等動物，牠的吃法十分豪放，總是囫圇吞棗，結果，牠能消化掉烏賊們柔軟的肉，卻對那些堅硬的顎片、內骨骼毫無辦法，只能任由它們留在自己的胃裡。當然，這令抹香鯨不太舒服，為此，牠常常努力嘔吐，試圖把這些殘渣通通吐出來，可惜，牠吐不乾淨，總有一些殘渣會誤入腸道並隨著腸道的蠕動，進入直腸，與牠的糞便混在一起。

可憐的抹香鯨，牠的肛門只能拉出液體便便，對這些殘渣幾乎沒有辦法，只好聽天由命了！時間久了，直腸裡的這些殘渣越裹越大，漸漸變成了黑色的糞石，毫無疑問，如果這會兒去聞聞它，一定是臭臭的便便味。

TIPS
定香劑

也稱保香劑，可以使香料成分揮發均勻，使香氣更加持久。

當然，有時候抹香鯨也可能會機緣巧合的排出這種糞石。糞石在海水中沖洗，在空氣中乾燥後，慢慢的，表面變成了灰色甚至白色，臭氣也漸漸被香味取代。最終它也一躍從便便變成了頂級香料——龍涎香。在古代，那可是只有皇帝和王公貴族才能聞的，而且是把便便燒了再聞。至於現在，它依然是最好的定香劑之一！

晒過的被子是什麼味道

天氣好的時候，不少人都會拿出被子來晒。晒被子當然有很多好處，陽光中的紫外線可以殺死細菌和病毒，晒過後的被子蓬鬆又暖和。還有些人就喜歡被子被陽光晒過後的那股味道，很多人稱它為：陽光的味道。

但是陽光有味道嗎？我們每天晒太陽也沒聞到什麼味道啊，那麼，那股味道到底是什麼呢？

陽光的味道是蟎蟲屍體的味道嗎

這股味道不僅能在晒過的被子上聞到，也可以在晒過的衣服、床單等其他織物上聞到，它算不上香，也算不上臭；算不上清新，也算不上濃郁，就是那麼一股淡淡的獨特味道。估計很多人喜歡聞它，不是因為它好聞，而是因為它代表著健康，給人一種安心的感覺：我的被子晒過了，現在它沒有細菌，又乾燥又暖和，今晚肯定睡得很香！

之前還流傳過一種有點「噁心」的說法：這味道是被子裡的蟎蟲被陽光殺死後的屍體味道。其實，這個說法是不靠譜的。長期不清潔、不晒太陽的被子裡確實有蟎蟲，但是晒晒太陽還不至於能殺死所有蟎蟲，不僅溫度達不到，而且蟎蟲可以移動，能夠爬到被子深處見不到光、溫度較低的地方。而且，蟎蟲身體的主要成分是水，其次是蛋白質，如果被太陽烤焦，味道是會和燒焦的頭髮一樣，而不是我們所聞到的「陽光的味道」。

當然，常晒被子仍然可以減少蟎蟲，因為被子晒過之後水分蒸發掉，溫度也升高了，環境就變得不那麼適合蟎蟲生長了。

陽光的味道原來這麼複雜

那麼，晒過太陽的被子究竟是什麼味道呢？它的來源可能比較複雜。

被子裡不僅有蟎蟲，還會有細菌和其他微生物，這些微生物是比較容易被陽光裡的紫外線殺死的，所以這個味道裡包含了細菌等微生物「屍體」的味道（好像也沒有比蟎蟲的屍體好到哪裡去）。

被子裡有空氣，空氣裡有氧氣，氧氣在紫外線的照射下會變成臭氧，臭氧正如其名，是有刺激性的臭味的，但是由於被子裡的大部分臭氧被流動的空氣帶走，然後又被紫外線分解（和前面生成臭氧的紫外線不是同一種喔，波長不同），所以味道很淡，並沒有刺激性的臭味。

被子裡的棉花纖維在陽光的作用下發生一些化學變化，產生了特殊的氣味，所以如果你晒的不是純棉的被子，而是化學纖維的被子，可能味道就不一樣了，當然，化學纖維材料的被子和衣物最好也不要在陽光下暴晒。

所以，最後我們的結論是晒過被子的味道，或者說「陽光的味道」，其實是細菌等微生物死掉後的味道，或是少量臭氧的味道，又或是棉花纖維在陽光下發生化學反應產生的味道，也可能是它們混合的味道。

吃耳屎會變啞巴嗎？

你或許聽說過：不能吃耳屎，吃耳屎會變成啞巴的！那麼這個說法是真的嗎？為什麼會有這個說法？耳屎到底是什麼？

耳屎究竟是什麼

首先回答第一個問題：假的，吃耳屎並不會變成啞巴。那麼這個說法是怎麼來的？具體是從什麼時候開始有這個說法，從哪個人哪裡傳出來的，這些已經不可考證。大人之所以這麼說，不過是為了嚇唬孩子，讓他們能夠講究衛生，不要吃耳屎。

那麼耳屎究竟是什麼，吃下去會有什麼危害呢？耳屎跟眼屎、鼻屎一樣，其實就是人體的分泌物。我們人類的耳朵分為外耳、中耳及內耳，而外耳包括耳廓和外耳道。耳廓就是我們腦袋兩邊的「3」字型的結構，外耳道就是連接耳廓中間的小洞和鼓膜的彎曲管道。

外耳道的皮膚裡有耵聹腺，它能分泌一種淡黃色的黏稠的液體，叫作耵聹。那為什麼要分泌這個東西呢？當然是為了保護我們的耳朵。耵聹含有油脂，可以保護皮膚；它很黏稠，可以黏住外耳道脫落的皮膚和灰塵等，還可以阻止外來的異物進入耳朵；另外，它能調節外耳道的 pH 值，並抑制一些細菌的生長。耵聹在空氣中乾燥後呈薄片狀，也就是我們經常見到的耳屎了。還有一些耳屎是溼溼的、油狀的，這就是我們常說的油耳屎或者溼耳屎了。至於耳屎是乾的還是溼的，這是由基因決定的。

知道了耳屎究竟是什麼，再來看這個「吃耳屎會變成啞巴」的說法就會覺得很不科學了。耳屎是我們人體的分泌物，混合了一些皮膚碎屑、灰塵和小異物等，吃下去是不會變成啞巴的。但是這個東西不衛生，當然也還是不能吃的。

我們都知道耳屎髒，不能吃。但是嬰幼兒由於不懂或者處於口腔期，喜歡什麼東西都往嘴裡送，這時候，爸爸媽媽就會阻止孩子吃耳屎，也就出現了這種嚇唬孩子、沒有科學道理的話了。

可以經常掏耳屎嗎

耳屎當然不能吃，那麼需要經常清理嗎？答案也是否定的，耳屎其實是可以自動排出的，隨著我們張口、咀嚼等動作，它就會慢慢移動出來，不用擔心耳屎太多會堵塞外耳道。而如果經常用棉籤或挖耳勺挖耳朵，有可能會傷害到外耳道，引起發炎；甚至戳破鼓膜，影響聽力。但如果真的耳屎太多，無法自行排出，堵塞在耳道裡，甚至都聽不清楚聲音了，就需要去醫院求助醫生，請他幫你掏出來。

吃耳屎不會變啞巴，但是如果經常掏耳朵是有可能變成聾子的喔。一定要注意！

TIPS
口腔期

指嬰幼兒的某個時期，一般是 0～1 歲，嬰兒用嘴吸奶，甚至抓住什麼東西都要往嘴裡塞，用嘴表達情緒，比如哭和笑，甚至咬人，這其實是嬰兒以口腔來體驗並獲得滿足。

吐口口水殺殺菌？呸！

「金津」、「玉液」、「瓊漿」、「甘露」、「華池神水」，你可別不相信，這些詞真的都是老祖宗用來形容唾液的！甚至俗諺有云：「日嚥唾液三百口，保你活到九十九。」唾液，俗稱口水，平時提起挺招人嫌棄的，怎麼會被冠上這麼多美妙動聽的名號呢？

關於唾液的基本資料

唾液主要由口腔內的唾腺分泌，小唾腺分布於口腔各處黏膜中，大唾腺有腮腺、舌下腺和頜下腺。唾液通過導管流入口腔，成人每日能分泌 1～1.5 公升的唾液。其實，唾液除了能夠表達我們對美食的嚮往或者在午睡時流到臉上帶給我們尷尬，還有很多重要的生理功效。首先，唾液可以潤滑口腔，稀釋食物，方便吞嚥。我們口乾舌燥的時候吃點什麼都覺得要被噎死了，這正是需要唾液潤滑功能的時候。而且口乾舌燥會讓我們難以準確感受不同的味道，因為舌頭上的味蕾深藏不露，需要唾液先將食物溼潤、將小分子不斷分解釋放出來，從而叫醒味蕾，我們才能嘗到各種滋味。其次，唾液中的澱粉酶和脂肪酶可以對澱粉和脂肪進行初步消化，有利於後續消化過程的進行。再次，唾液可以沖洗食物殘渣，保持口腔衛生，並能幫助牙齒表面礦化，抵抗細菌侵蝕。

關於唾液的神奇功效

不過，這些功能聽起來還是挺稀鬆平常的，那麼唾液有沒有其他神奇功效呢？

我們在電視節目中常能見到受傷的動物用舌頭舔拭自己的傷口，難道唾液有殺菌療傷的功能嗎？確實如此，動物反覆舔拭可以清理傷口周邊的髒物，將黏稠的唾液塗抹在傷口上，一定程度上能抑制感染，促進傷口癒合。

人類唾液中雖然99.5%都是水分，但剩下的0.5%包含了各種電解質、黏液、上皮細胞、澱粉酶、脂肪酶、白血球、免疫球蛋白、溶菌酶、表皮生長因子等成分。白血球和免疫球蛋白是人體內的衛兵好搭檔，殺菌消毒、衝鋒陷陣，通通不在話下。溶菌酶，從名字上就可以看出它是細菌的剋星，它可以破壞細菌的結構，從而抑制細菌的攻勢。

我們咀嚼時偶爾會造成口腔內部傷口，但這些傷口總是比身體表面皮膚的傷口癒合得更快且更少留疤，唾液在其中功不可沒。唾液創造了溼潤的口腔環境，這非常有利於細胞的存活和功能發揮，對於傷口癒合十分重要；唾液中有大量組織因子可以加速血液的凝集過程，減少傷口處的血液流失或細菌入侵；更妙的是唾液中的表皮生長因子，它們可以促進細胞的增殖和分化，從而加速傷口的癒合。

關於唾液的衛生警告

在古希臘醫神亞希彼斯的神殿裡，狗被訓練來為病患舔拭傷口，蛇的唾液也被當作醫藥。在 19 世紀的蘇格蘭高地，人們依然認為狗舔對治療傷口和瘡是有效的。但是隨著醫學的發展，我們知道這些古老的醫療手法存在著極大的風險，用狗舔法治療傷口難道不擔心狂犬病毒乘虛而入嗎？至於蛇的唾液？慎重啊，如果是毒蛇的唾液，那到底是治病還是致命就不好說了。而人類的唾液離開了口腔的環境，就沒那麼多神奇的功效了，往傷口吐口口水殺菌，可別忘記口腔本身也是滋生細菌的場所。動物舔拭傷口是生存所迫，對於人類而言，如果你在生活中不慎受傷，更好的方法還是用溫水清洗傷口，再用棉棒蘸取優碘為傷口殺菌消毒。

尿尿的科學

尿褲子讓人難以啟齒。但不管你記不記得，每個人小時候，都有過尿褲子的經歷。

其實尿褲子並不丟人，如果真的憋到尿不出來了，那才是麻煩事呢。據說某地有一位阿姨坐船去旅行，為了趕車趕船買票，從家到船上，這一路上都沒敢停一秒鐘，更沒有去上廁所。結果，阿姨的這一泡尿就一直憋了 10 個小時，最後就真的尿不出來了！

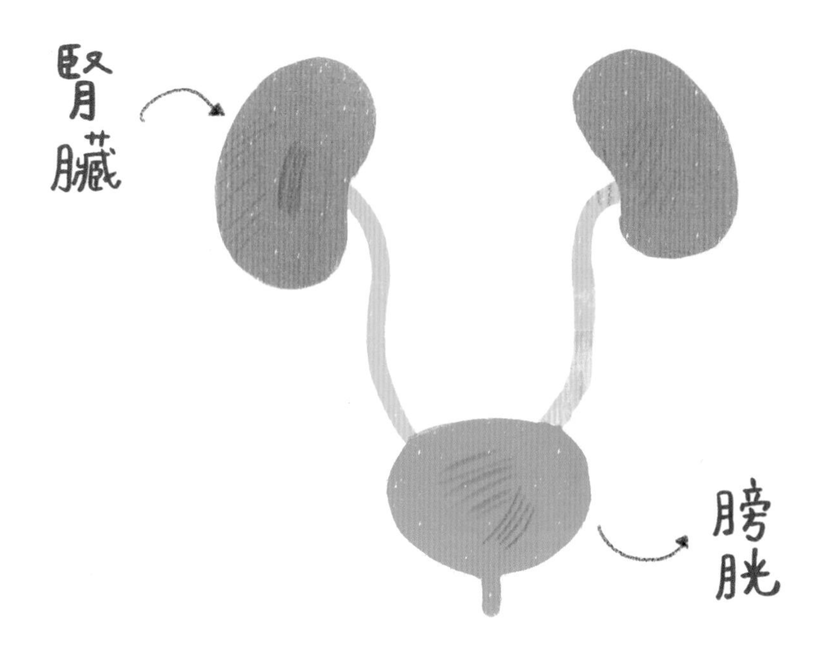

尿尿的作用真不少

人類之所以需要尿尿，主要是為了把體內的尿素等廢物排出體外。如果不把這些垃圾物質排出去，就會帶來一系列的麻煩，簡單的會引起皮膚瘙癢，嚴重的會導致水腫、昏迷，甚至是死亡。是不是聽聽都很嚇人？

還好，我們每個人都有廢物過濾器——腎臟，當血液從這裡流過的時候，腎臟裡的腎小球和腎小管就會撈起裡面的廢物，然後再用水把廢物一點點沖進存尿的大口袋——膀胱，把尿液暫時儲存起來。

哺乳動物是為數不多能儲存尿液的動物。像魚、鳥和爬行動物都是沒有膀胱的，牠們的尿隨時產生隨時排出。有小朋友可能會問，那哺乳動物存尿幹什麼，難道還能喝不成？

科學家推測，哺乳動物利用膀胱儲存尿液的關鍵作用在於避免暴露行蹤。特別對於草食性動物而言，自己的行蹤越隱祕越好。

其次，有些哺乳動物還會用尿液來標記領地，也就是劃地盤，小到貓狗，大到獅子都會這樣做。另外，尿液中還含有特定種類的激素，代表了動物的身體狀況，像獅子這樣的動物正是通過聞尿味來找自己的配偶。

不過話說回來，尿真的可以喝。理論上，健康人體身上最乾淨的體液就是尿液。經過了腎臟的過濾，尿液幾乎完全無菌，所以在荒野求生的時候，喝自己的尿液比喝露天的髒水要安全得多。

這麼看來，這尿的作用還真不少。所以動物在膀胱中存點尿也就不奇怪了。但是膀胱的容量畢竟是有限的，不能無限制的存下去，裝滿的時候就要排放出來。

人類是如何排放尿液的

膀胱上有很多感受壓力的神經，當膀胱裝得滿滿的時候，這裡的感覺神經就會通知大腦：「老大，廢水已經裝滿了，請求排尿。」這時，先是自主神經（不受意識控制的神經）直接向膀胱上的逼尿肌發出命令：「快尿吧，快尿吧。」於是，尿液就開始向尿道沖。在奔騰的尿液前方，還有一個關卡，叫尿道括約肌。只有這個開關鬆開，尿液才能出來。這個開關是由大腦皮層控制的，也就是說受我們的意識控制，所以我們能憋住尿。嬰兒的大腦控制力還沒有發育完全，所以他們是憋不住尿的。

現在清楚了，正常排尿的關鍵是在打開尿道括約肌這個開關。有些時候，因為神經的異常活動，這個開關就打不開了。而長時間的憋尿就是開關出問題的主要誘因。所以，在想尿尿的時候，一定要先解決尿尿的問題。憋到尿不出來就只能靠導尿管解決了，否則膀胱憋到爆炸了，那就更麻煩了。

有些時候真的不方便，比如在高速公路上不能停車的時候，怎麼解決呢？沒關係，只有想不到，沒有做不到。攜帶式接尿器已經很普遍了，還有卡通款的喔。

總之一句話，千萬不要憋壞了！

喝咖啡能尿出咖啡味嗎？

作為一種可以提神的飲品，咖啡在成年人的世界廣泛流行。一個人品嘗了咖啡的香濃氣味和香醇口感以後，沒多久就該起身去釋放一下來自體內的壓力了。

尿液原本是什麼氣味

一提到尿味，很容易讓人聯想到尿中含有的尿素，但這是一場誤會。其實純粹的尿素並沒有什麼難聞或者刺激性的氣味，正常情況下，一個健康的人新鮮出爐的尿並不會很騷氣。但是這東西比較受某些細菌的喜愛。尿一旦離開人體，暴露在空氣中，其中的尿素就會被分解釋放出氨，尿放得越久，氨就釋放得越多。氨特別厲害，那種熏得人眼睛都睜不開的廁所，就是這貨幹的好事。

人類的尿是超複雜的液體，目前科學家已經發現了幾千種化合物，多數化合物都從體外獲取，比如飲食、藥物、化妝品或環境接觸。我們吃了什麼喝了什麼，才是影響尿液「風味」的主要原因。

咖啡味尿液的「製造者」

喝咖啡常常是為了提神，並不是為了攝取人體所必需的營養素。就拿咖啡中最著名的成分咖啡因來說，別說人體不需要，就連咖啡樹自己也不需要，它們合成這種玩意，僅僅是為了自衛。對付不需要的東西，我們的身體採取了一部分代謝、一部分直接排出的辦法來清除。

除了咖啡因，咖啡裡面對人體毫無用處的東西多著呢。咖啡目前已被分析鑑定出來的化學成分超過了一千種，其中芳香成分占據了多數。在咖啡從生豆到熟豆的烘焙過程中，產生的呋喃類化合物為咖啡帶來香氣，貢獻焦糖風味或者蜂蜜味；烷基吡嗪類物質，會散發出巧克力、堅果、可可、焦糖香氣。含硫化合物雖然含量極少，但是會影響咖啡的風味，比如大家都不喜歡的硫磺味和焦味。再加上酮類、醇類、醛類、酯類、酚類等一大堆大多數人都記不住名字的東西，最終構成了咖啡獨特的氣味和口感。

想想看，這麼多有強烈氣味的芳香化合物被人幾口就喝進肚子裡，肝腎肯定會表示壓力很大。結果就是，只有一部分芳香化合物參與體內複雜的代謝過程，還有一部分根本來不及被處理，直接就進入了膀胱。咖啡因自己以及代謝後的產物都沒有特殊氣味，但也並非等閒之輩。它自己作為利尿劑可以加快代謝，讓你頻尿的同時，也讓更多的芳香化合物從口中的咖啡香氣更快的變成尿中的咖啡氣味。這麼說來，喝過咖啡以後去「噓噓」能聞到咖啡味，簡直是順理成章的事。

最後是一點小提示，出現咖啡味的尿並不意味著出現了健康問題，通常情況下不必擔心。咖啡愛好者如果希望咖啡味只溶在口，不聞於尿中，多喝水就是了。反過來也行，如果希望自己的尿經常換換「風格」，不妨嘗試世界各地不同風味的咖啡。一想到喝杯咖啡都能讓廁所充滿全球化的氛圍，內心還有點小激動呢。

童子尿沒用，童子屎倒能延年益壽喔

「永保青春，長生不老」——這恐怕是人類的終極夢想。長大令人期盼，衰老卻引人傷感。自古以來，為了留住青春、延年益壽，人們不知試過多少種辦法。

塗防晒乳、多吃維生素 C，這些算是靠譜的。恐怖的如 16 世紀匈牙利的血腥女伯爵，據說把 600 多名少女騙進自己的城堡，殺了放血泡澡。這當然沒有用，女伯爵 54 歲就死了，還成了後世「吸血鬼」傳說的原型。

獨特的「保健祕方」

此外，中國人還盛傳童子尿有保健功能，一些武俠小說裡更把它吹得神乎其神。拿尿煮的蛋，居然在民間還很有市場。這個嘛，其實並不靠譜：尿液的成分主要是水，其中有鈉離子、鉀離子、氯離子等電解質，可能會讓它帶點鹹味；還有尿素、肌酸酐等代謝廢物。

尿的成分，大人小孩都一樣。可能由於大人的身體功能更健全些，尿會更濃一些。從健康人的尿液中，確實可以提取出一種藥物——尿激酶，在對抗血栓的治療中有很高的價值，但是單純喝尿真不能達成這個效果。由此看來，尿裡面真沒有什麼神奇的化學成分。如果你沒遇上地震、海難，沒到迫不得已竟然都想來喝上一口，那可就太沒必要了。

「童子屎」的妙用

不過，屎尿屁這類東西也不能一概而論。雖然童子尿沒什麼用，「童子屎」卻值得說道說道。

糞便是食物被消化後的固體殘渣，排出體外以前，在人肚子裡的九曲迴腸中艱難的走過一遭。人的腸道，尤其是大腸裡居住著許多細菌（另外還有一些真菌、原生生物和古細菌），以致最終的糞便中，一半以上都是腸道細菌或它們的屍體。

這些腸道菌群就像人體的一個器官，具有非常重要的作用。健康的腸道菌群不僅能助消化，生產人體必需的維生素 K，還能幫助身體抑制致病菌，並且時刻敲打著人體的免疫系統，讓它處在適度的警戒狀態。也就是說，它們既能預防外界的病原體興風作浪，又不至於讓免疫系統太過活躍，可以防止人患上難治的自體免疫疾病。

正是腸道菌群這個「隱藏的器官」啟發了科學家。2013 年，荷蘭和芬蘭的生物學家就用一種在當時看來非主流的療法，讓很多患者擺脫了慢性腸炎的痛苦。這個療法之所以非主流，就在於它聽上去有些噁心。科學家們取了極少量健康人的糞便，用小試管從鼻腔植入病人體內。結果，90% 的病人痊癒了。與此相對，單純用抗生素治療的病人卻只有 $\frac{1}{3}$ 好轉。

2017 年，德國馬克斯—普朗克研究所的科學家又在一種小魚身上做實驗，向我們證明：讓年老的魚吃下年幼小魚的糞便，就可以大大延長老魚的壽命。實驗用的小魚叫「弗氏假鰓鱂」(*Nothobranchius furzeri*)，原來生活在非洲，是一種熱帶淡水魚。牠們是已知可供人類養殖的脊椎動物中壽命最短的。也就是說，所有背上長著脊梁骨，在人類的魚缸、籠子裡能養活的動物，就屬這種魚命最短。牠們長三星期就能生娃，3 到 9 個月就壽終正寢了。科學家發現，如果把 6 週大的壯年魚魚糞餵給 9 週半的中年魚吃，等到中年魚進入 16 週的老年時，仍保持著活力。牠們和那些魚糞的供給者一樣有勁頭，跟那些沒吃過童子糞的同齡魚一比，不知年輕了多少倍，最終存活的時間也長了一小半（40% 左右）。而牠們之所以能延年益壽，全是拜童子糞中的腸道菌群所賜。

這項新研究目前只在魚身上試驗過有效，但更進一步的實驗，比如在小鼠身上做實驗等，尚在進行中。我們總有一天會知道，人類能否通過類似的方法延年益壽。等待這個答案的時間，應該不會太久。

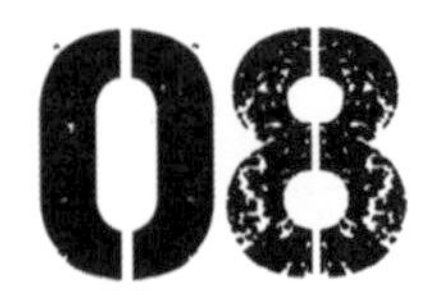

建設一座便便發電廠

拉便便挺費勁的，蹲馬桶的時候有沒有想過？就這麼被水沖走了好浪費啊，要是能在馬桶裡安裝一個發電廠，用便便發電那該多好！

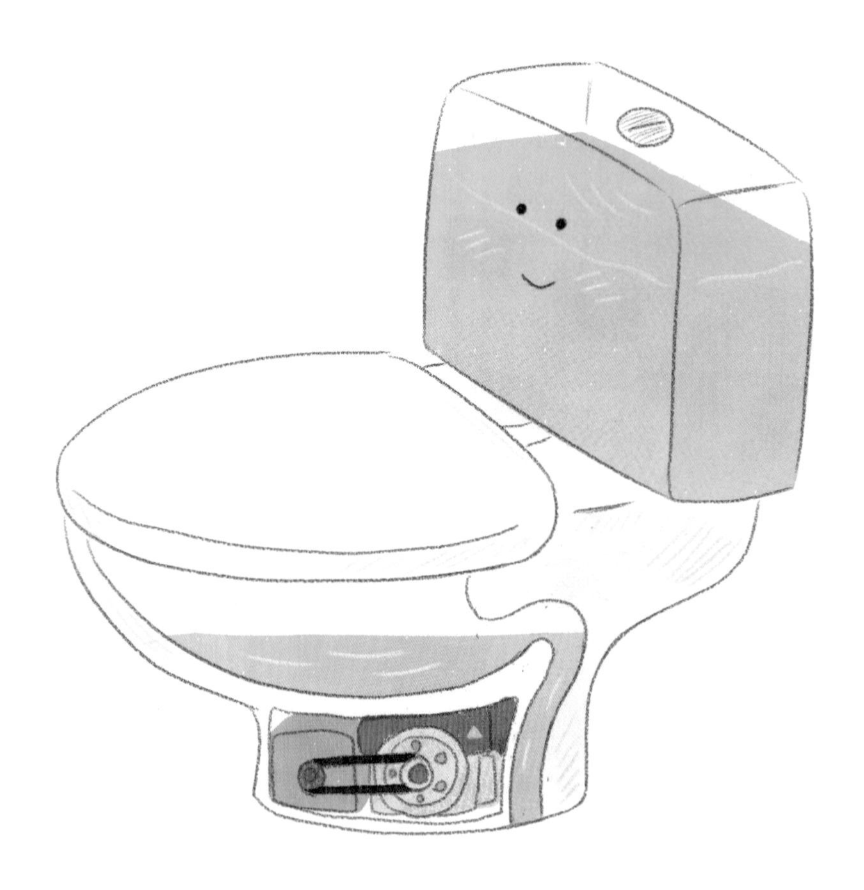

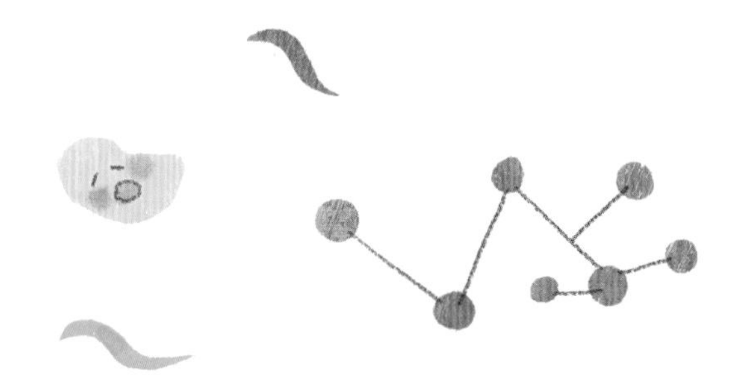

便便裡面有什麼

我們先把目光轉向巨大的火力發電廠，把便便當作燃料來發電可不是能在家裡擺弄的事。再看看農村，在那裡便便通常會被用作肥料。「肥是農家寶，種田少不了」——過去江南一帶的鄉村，專門有農戶推著糞車來收集便便，運到田裡做肥料。再轉頭回到我們的馬桶，如果不想讓家裡臭氣熏天的話，用生物技術利用便便可能是唯一可行的辦法。科學精神教導我們：捏緊鼻子，先看看便便裡有什麼吧！

糞便是消化系統產生的廢物，一般來說，它們的大部分都是水，剩下的部分由細菌、蛋白質、纖維、腸道分泌的黏液等「材料」組成。當然，可能還會有一些奇怪的東西，比如偷吃糖果時不小心吃下去的糖果紙。

如何使用便便發電

當然了，溼潤的便便是不好用的，我們把它撈出來放到太陽底下晒一晒吧。晒的過程就不細聊了，「乾貨」才是重點。平均每個成年人每天產生的便便是100 公克，去除水分之後，能得到 25 公克的固體物質。

深入分析這堆棕色、有點髒髒的固體，可以發現有用的纖維素。來源於蔬菜類食物的膳食纖維無法被人體消化，卻是留給便便發電廠再好不過的原料。不過這麼挑挑揀揀之後，100 公克便便能用的部分就剩下 7.5 公克了，跟一枚 10 元硬幣差不多重。

接下來，我們要尋找一種酶，它能將膳食纖維分解成有能量的葡萄糖。分解之後得到的葡萄糖會比 7.5 公克還要少一點，最終我們的馬桶發電廠能得到106.5 千焦的能量。如果用 7 瓦節能燈來照明的話，我們的廁所可以因此照亮 4 個多小時呢。

雖然想想是有點小興奮，可惜的是，便便發電廠這些輸出，就算全家人一起來「幫忙」，也無法維持一個家庭日常所需的電力。不如趕緊穿上褲子，去研究其他更好的環保方案吧。

亂吐口水的沫蟬

你有在野外觀察植物的習慣嗎？如果沒有，那建議你一定要多看看，十之八九會有驚喜，或者驚嚇。

瞧瞧，有些植物（比如水稻、玉米、高粱或者某些野草）的莖或葉片上，總有一小坨一小坨的白色泡沫，就像唾沫似的。你也許會忍不住抱怨：「怎麼有人亂吐口水？！」

嘿嘿，你可能誤會了。不信？取個草莖撥開唾沫，好好看一看——如果裡面藏了個肥肥胖胖、小小的「熊孩子」，你是不是會有點吃驚？

過去人們對此更是腦洞大開呢。14 世紀時，歐洲有人認為這種泡沫是布穀鳥銜草時，掉出來的口水。西元 1546 年，一位叫作博克 (Hieronymus Bock) 的德國植物學家，認為這種泡沫是由植物分泌出來的，為此他還列出了一大串會分泌泡沫的植物名錄。

當然，現在我們知道了，這個「熊孩子」十之八九就是一種叫沫蟬的昆蟲幼蟲。

沫蟬的成長史

特別提醒，沫蟬名字裡有「蟬」，但牠並不是蟬。對，牠不是知了。沫蟬是沫蟬科的，蟬是蟬科的。沫蟬和蟬之間有個很大的區別就是，很多蟬需要經歷一二十次蛻皮才能變成成蟲，而沫蟬幼蟲一般只需經歷 5 次蛻皮就能成為成蟲。

另外，在沫蟬的一生中，並不需要經歷大多數昆蟲所必須經歷的蛹期，牠是一種不完全變態的昆蟲，一生之中只有卵、幼蟲和成蟲期。

為了確保孩子的生存率，沫蟬老媽常常把卵分別產在不同的地方。如果沒有遭遇意外，「熊孩子」孵出來不久就可以吃飯以及自保啦。

沫蟬製造「口水」的目的

小傢伙每天用針刺一樣的口器插入植物體內，吸啊吸，扭啊扭，製造「口水」！這可是個大工程。因為牠吸到肚子裡的「飲料」並不能完全被吸收利用，其中大部分還會直接從肛門排出，加上腹部的兩對黏液腺體分泌的黏液，兩者混合後，再配上腹部不停的前、後蠕動，混合液體就被攪成了泡沫，漸漸把牠全身都包了進去。這麼做，也許會讓人覺得噁心，可沫蟬幼蟲卻不這麼認為，因為躲在裡面既可以保護自己脆弱的身體不受風吹日晒之苦，又能躲過捕食者或寄生性天敵，簡直太安逸。

有趣的是，「熊孩子」似乎很懂得科學，牠在做這事的時候，常常將頭部朝向地面，利用重力原理，使得腹部末端的泡沫迅速流向頭部，從而盡快的把自己包起來！

至於泡沫是由什麼構成的呢？好奇的科學家經研究發現，泡沫的主要成分為水、黏蛋白類及一些無機鹽類，但不同種類的沫蟬所分泌的泡沫成分會因為沫蟬所寄生的植物種類、環境因子及體內酵素影響而有不同。

嘔吐是暴風鸌的拿手絕招

據說，在人們進行過的一次調查中，大多數人都認為嘔吐聲最難聽，最令人受不了，因為那會讓人想到那隨之而來的氣味。

「臭」也是一種武器

暴風鸌可不這麼想。

暴風鸌是一種很美麗的海鳥，身長一般在 43～51 公分之間，小巧玲瓏，擁有灰白相間的羽毛，又短又厚淡黃色的嘴，以及一雙淡藍色的爪子。牠們擅長飛行，一生中絕大部分時間都在海洋上空滑翔，尋找食物，比如小蝦、魚、烏賊、浮游生物、水母以及牠們的屍體。在捕魚的時候，牠們可以猛衝到一公尺多深的海水裡去，總之，在遠遠看到牠們的時候，怎麼也想不到牠們會和嘔吐、臭有著割不斷的關係。

然而，事實就是如此有趣。當然啦，暴風鸌並不在乎這個，俗話說：「不管黑貓白貓，捉住老鼠就是好貓。」對於沒有利齒鋼牙的牠們來說，能有效自保就是最佳的退敵辦法。

而臭就能做到這個。所以，暴風鸌從蛋、幼鳥到成鳥都有一股臭臭的味道。但這還不是最強的，暴風鸌最厲害的是，只要賊鷗、鶚、海鷹等「壞傢伙」襲擊牠們，牠們就會立即施展「嘔吐」大法——像噴水槍一樣將「胃油」吐出去。

由於「胃油」裡面含有發酵的魚油和胃酸，因此惡臭無比（這也是暴風鸌被叫成「臭鳥」的原因之一）。這「胃油」呈油性，略帶橙黃色，腥臭難聞，濺到衣服上，很難清除。一旦射到鳥類身上，就會損壞牠們的皮毛，使之失去防水性，最後十之八九溺水而亡。而哺乳動物聞到這臭味，肯定噁心到吐出來，因為牠們的嗅覺比較敏銳。

在暴風鸌家族中，這招嘔吐術「鳥鳥皆會」。即使一隻剛孵出來幾天的暴風鸌寶寶，也能把「胃油」吐出近半公尺遠。這也是小寶寶保護自己的唯一辦法，想想看，當暴風鸌父母出去覓食時，小寶寶要獨自留在窩內幾個小時，沒點本事行嗎？等牠成年時更會技高一籌，不僅可以吐出 5 公尺遠，還能連續吐 3 次甚至更多次。

弱者的生存絕招

至於暴風鸌，不僅不嫌「胃油」惡臭（因為暴風鸌的嗅覺一般），相反，還喜歡得不得了，休息時，牠常常吐出一些「胃油」，把自己梳理得油光水亮。在小寶寶剛出世時，慈愛的暴風鸌父母還會吐出一些餵養孩子，孩子也表示「味道可以接受」。有時向對方示好時，暴風鸌也會互相餵「胃油」。

偷偷告訴你，擅長這招的並不只是暴風鸌，禿鷲、鵜鶘都是暴風鸌的同行。為了增強效果，禿鷲還會吃腐爛、發臭的肉，一旦受到威脅，牠們馬上毫不猶豫的吐出剛吃下去的臭肉，把敵人熏跑。

吃喝撒，王八的嘴巴都包啦

人有三急，尿急、便急、屁急。感覺來了，憋都憋不住。但人為什麼要尿尿呢？究其根本，尿尿最重要的功能是要排出尿素——一種含有氮元素的代謝廢物。氮元素是蛋白質的組成成分，身體如果攝入過多的蛋白質，大大超過需求的話，多餘的蛋白質會被分解成胺基酸，繼而在肝臟細胞裡被轉化成尿素，再通過血液循環運送到腎臟，經過腎臟的過濾，由尿道排出體外。

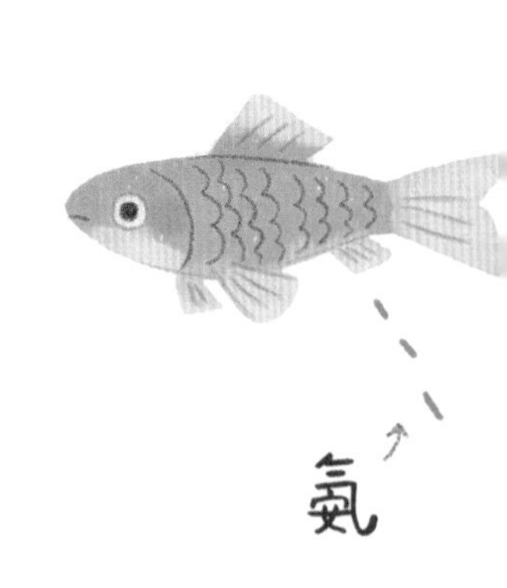

動物們排尿的目的

哺乳動物尿尿主要是排出尿素，鳥類是尿酸，魚類是氨，這與牠們的生理功能和生存環境相適應。

氨是這三種含氮廢物中毒性最大的，需要大量的水來稀釋才能順利排出，這對生活在水裡的魚來說，不是什麼費力的事，反正到處都是水，而把胺基酸變成氨，不需要花什麼能量。鳥類排出的含氮廢物是尿酸，尿酸在血液或細胞液中都是不溶的，所以在排出尿酸的過程中，並不需要耗費體內的水，這對陸生的鳥是一大福利，不需要經常尋找水源，也不需要在體內存太多的水增加飛行負擔。唯一的問題是，尿酸相對於氨和尿素來說，結構比較複雜，所以把胺基酸轉化成尿酸需要耗費身體不少的能量。哺乳動物排出的尿素其實也是有一定毒性的，但是因為腎臟持續的過濾作用，血液中的尿素濃度並不會太高，對身體沒什麼危害，製造尿素需要耗費的能量介於氨和尿酸之間，排出尿素需要一定量的水先稀釋尿素。

專屬於中華鱉的排尿方式

說到排尿，中華鱉 (*Pelodiscus sinensis*) 的方式聽起來真是匪夷所思——看著像是在漱口，其實卻是在「尿尿」。中華鱉就是平常說的甲魚、老鱉，俗稱「王八」，屬於爬行動物，既可以生活在淡水中，也可以生活在鹽水中，還可以在陸地上生活。研究人員發現，中華鱉只有 6% 的尿素是從腎臟排出，而通過口腔排出尿素的效率是腎臟的 50 倍之高。牠們會把頭埋到小水坑裡，並不是為了喝水，而是漱口排尿，把吞進嘴裡的水再吐出來，這樣就把口腔中分泌的尿素帶走了。與口腔排尿相適應，中華鱉的口腔細胞膜上有一種特殊的尿素轉運蛋白，可以大大提高排尿的效率。

話說回來了，為什麼中華鱉如此與眾不同，選擇了主要依靠口腔排尿呢？研究人員推測，這與牠們生活在鹽水的環境中有關。前文我們說到了，身體製造尿素需要攝入一定量的水起到稀釋作用，可如果只有鹽水可以喝、身體又沒有專門排出鹽分機制的話，肯定要出大問題。而通過漱口的方式，中華鱉並不需要喝下大量鹽水就能排尿，可謂是聰明之舉。

看著光鮮照人，
卻是邋遢廁神——戴勝

這位光鮮照人卻是邋遢廁神的傢伙其實是一種鳥，一種名叫戴勝的鳥，廣泛生活在中國很多地方的田園、園林、郊野裡，人們不止一次指著牠大喊「啄木鳥，啄木鳥」……不過，如果你看到牠頭頂上那華麗得像一把漂亮扇子的冠羽，以及身上黑、棕、白三色相間的羽毛，十之八九就可以確定，牠啊，不是啄木鳥，而是戴勝。

擁有美麗外表的戴勝

雖然啄木鳥、戴勝看起來挺像，但牠們分屬於不同的家族，啄木鳥是鴷形目啄木鳥科的，戴勝則屬於犀鳥目戴勝科，牠們之間有不少區別。戴勝並不像啄木鳥那樣，擁有一個錘子般的嘴和一個似乎永遠不用擔心患上「腦震盪」的腦袋，牠們不能像啄木鳥那樣攀附在垂直的樹幹上，嘴巴也不夠堅硬，遇到堅硬一點的樹幹牠們就無能為力。戴勝只能對付一些蟲蛀嚴重、木質鬆散的腐木，這樣，牠們可以將嘴巴伸進蟲洞或樹縫裡，直接把蟲子掏出來吃掉，不過，更多的時候，戴勝更喜歡對付藏在地面下的蟲子和蟲卵。

戴勝最引人注目的地方就是頭頂上的羽冠了。當牠受驚或激動的時候，那本來貼在頭上的一撮羽毛就會突然打開，很像古代女子經常佩戴一種名叫「花勝」的頭飾，所以人們叫牠戴勝。可你能想像嗎？看起來這麼端莊大方的鳥，卻對個人，喔，「個鳥」衛生不怎麼講究呢，尤其是「結婚」之後。

「邋遢廁神」養成記

戴勝太太主要負責孵蛋，戴勝先生主要負責捕食，這本來是鳥世界裡很常見的搭配，然而，不一樣的是，自從戴勝太太開始孵蛋之後，牠的吃喝拉撒睡就都在家裡解決，且從不進行任何清理。

等小傢伙們一個接一個孵出來之後，也在家中完成吃喝拉撒睡，因此，牠們的家簡直就是一個超級「廁所」，小傢伙一個接一個都是糞球化身！

即使如此，戴勝太太似乎還嫌不夠臭，牠尾部的尾脂腺還會分泌一種帶有惡臭的油脂，如果有人攻擊，那就發射「臭氣彈」，總而言之，牠們家以及牠們身上的那個氣味啊，真叫絕！

別說親密接觸了，就是走近，都會讓人噁心得大吐特吐呢。但是，戴勝和牠們的孩子卻健健康康的，這個邋遢到不行的家一點也不會危害牠們的健康。所以還有人封牠們為「紫姑仙人」，把牠們看成掌管廁所的「廁神」，稱為「紫姑廁神」，或「紫陽宮女」，唐代的那個愛發牢騷的大詩人賈島甚至還專門寫過一首〈題戴勝〉：「星點花冠道士衣，紫陽宮女化身飛。能傳上界春消息，若到蓬山莫放歸。」

魚群死亡，罪魁禍首竟是河馬……的便便？

如果你看到河岸邊有一大群死亡的魚，你會覺得這是什麼造成的？

在動物天堂——非洲，一幕幕這樣的慘劇不時上演。馬拉河流經肯亞和坦尚尼亞，孕育了許許多多的生命，然而就是在這樣一條生機勃勃的河邊，耶魯大學的生態學家們發現，每當馬拉河河水上漲時，就會有大量死魚被沖到岸邊。

造成命案的幕後大佬出場

一開始，護林員們想當然的認為，這是上游農民使用殺蟲劑所致，沒啥稀奇的。生態學家們卻不以為然，因為殺蟲劑說無法解釋，為什麼魚群死亡只發生在水上漲的時候。

於是生態學家們展開了詳細嚴謹的科學調查，歷時 3 年，終於找到了罪魁禍首！原來，這不是天災，不是人禍，而是河馬……的便便造的孽！

河馬是地球上第三大的陸生動物，小朋友們對牠最深刻的印象可能是那巨大的嘴巴。沒錯，河馬的嘴巴非常大，可以張開近 180 度，裡面的門牙和犬齒都呈長長的獠牙狀。而且，河馬的咬合力可達 8100 牛頓，在動物界名列前茅。

河馬是草食性動物，體形那麼龐大，自然食量也大，每天吃的草在 100 公斤以上。河馬消化這麼多草需要細菌的幫助，而這些細菌是從河馬媽媽的排泄物中獲得的。也就是說，小河馬要吃媽媽的便便，才能獲得幫助消化的細菌。

TIPS

體型排名前三的陸地動物

第一名：大象，一隻成年的大象每天可以排出 100 公斤以上的糞便；
第二名：犀牛，一隻成年犀牛每天的糞便量大約是 20 公斤；
第三名：河馬，根據文中的數據（4000 隻每天排糞 8.5 公噸）來計算，
就是每隻河馬每天排出的糞便為 2 公斤多。

河馬雖說是草食性動物，脾氣卻相當火爆，牠們富有攻擊性，你無法預測牠們下一步會做什麼，所以河馬儘管吃素，卻是世界上最危險的動物之一。

說了這麼多，好像和魚群死亡並沒有什麼關係啊！那就讓我們回到正題！

魚群死亡的神祕原因

河馬體型大，吃得多，便便自然也多。據統計，常駐馬拉河的河馬約有 4000 隻，牠們每天拉的便便多達 8.5 公噸！

這麼多的便便直接進入馬拉河水中，河馬聚集河段的河床很快就會被便便全面覆蓋。河馬的便便中含有很多還沒被分解的植物碎屑，很容易在河水中腐爛分解。分解的過程中會消耗掉水中的氧氣，還會產生一些有害物質，如硫化氫、氨、甲烷等。低氧、又含有許多有毒有害物質的河水，對魚群來說，簡直就是「生化武器」。

旱季的時候，水淺，有些河段被孤立了起來，所以河馬糞水的危害力有限。一旦到了雨季，河水上漲，許多原來孤立的小池塘連接起來，雨水會將河底的沉積老糞捲起來，奔騰而下，殃及下游無辜的魚群。

雖然聽起來很可怕很殘酷，但河馬便便和魚群的博弈，也是生態系統的動態平衡過程。大至河馬，小至魚兒，都是河流生態系統的一部分，牠們的一舉一動都會影響到整個系統。河馬便便害死魚，而腐爛的魚群又會滋養出新的生命。

拉便便必須有儀式感——三趾樹懶

每個人都要拉便便，絕大多數動物也都要拉便便。雖然在我們傳統文化裡拉便便這件事說起來有點不雅，生活中卻是必不可少的。因為如果不能拉便便，那就意味著廢棄物排不出去，身體出了大問題。

在中國，古時候人們稱拉便便為「出大恭」或者「出恭」，明代科舉考試的時候，考生要上廁所還得申請一面寫有「出恭入敬」的牌子，等上完廁所後再予以歸還。不過，這種拉便便的儀式跟三趾樹懶比起來，可就差遠啦。

再懶也不能放棄的如廁儀式

顧名思義，三趾樹懶是個懶傢伙，牠們從早到晚都待在樹上，睡覺，慢條斯理的吃樹葉，但每隔一段時間也會下去——拉便便，而且是必須——到樹下——拉便便！

幾乎每隔一個禮拜，三趾樹懶就慢慢的爬到樹下，慢慢的挖一個「廁所」，再抱住樹枝或樹幹慢慢的拉出便便，慢慢蓋上一層葉子，最後慢慢爬回樹上……

最開始，人們很不理解樹懶的這個儀式，因為爬到地面上對牠們來說是非常危險的。牠們太慢了。人們曾親眼見過有樹懶在樹下便便時，被一隻可怕的角鵰無聲無息的抓走了……據說，有一半的樹懶都是因為在地面上遭遇襲擊，才丟掉性命的。

那麼，三趾樹懶為什麼一定要到樹下去拉便便？為什麼不像有些鳥那樣，直接站在樹上拉便便呢？

如廁儀式的另一個目的

人們對此很好奇，並進行了追蹤研究。事實證明，三趾樹懶對此是有預謀、有計劃的。他們仔細檢查過三趾樹懶的毛髮，發現裡面藏著各種各樣的藻類，有大大小小的真菌，也有奇奇怪怪的寄生蟲，更有一種只生活在樹懶身上，被叫作「樹懶蛾」的蛾。就是這些傢伙一起把三趾樹懶打扮得「綠油油」的，使得三趾樹懶看起來，簡直和生活的地方一模一樣，讓牠們盡量在天敵（比如角鵰）眼中「隱形」。而在打扮三趾樹懶這方面，樹懶蛾承擔的工作量最多，付出的也最多，事實上，牠們即使死了也會待在三趾樹懶身上。呃，先別忙著噁心，那些死去的樹懶蛾會被真菌分解，成為藻類的食物，這樣，藻類、真菌才能活得更加欣欣向榮，讓三趾樹懶的「隱身服」更加完美。

為了報答樹懶蛾的付出，三趾樹懶選擇到樹下去拉便便。因為只有這樣，那些樹懶蛾才有機會自由自在的在新鮮的便便裡產卵，卵孵化後幼蟲就吃便便，壯壯的長大，這樣，等三趾樹懶下次再爬下樹拉便便時，往往也就是這些小蟲子長大成蛾的時候，牠們可以趁機重新跳到三趾樹懶身上：「你好，親愛的樹懶，我們來啦！」

15

與天鵝肉無關，
這隻癩蛤蟆專心製作迷幻藥

又是一個美好的雨後，池塘裡、小河邊，大大小小的青蛙們又開始「呱呱」叫個不停，這個聲音總能喚起很多人的童年記憶。想起蛙，還會順帶讓人想起蛤蟆。

蛤蟆和青蛙向來是一家，牠們都屬於無尾目，俗稱蛙類。可以說，這兩類動物也沒有太嚴格的區別。我們一般都覺得青蛙要漂亮一點，老叫蛤蟆「癩蛤蟆」。

動物界的「製毒分子」

今天要說的蛤蟆在很多人看來也不怎麼漂亮，牠叫科羅拉多河蟾蜍，身材粗壯矮胖，深棕色或橄欖色的皮膚上稀稀疏疏長著一些小痦子，還有一個扁平的寬腦袋。

科羅拉多河蟾蜍的老家在科羅拉多河流經的索諾拉沙漠地區。索諾拉沙漠位於墨西哥和美國的交界，雖然是沙漠，卻是世界上最潮溼的沙漠，生態資源豐富有趣，比如說，這裡就住著科羅拉多河蟾蜍這種特殊的蛤蟆，牠還有可怕的吉拉毒蜥作鄰居。

一直以來，科羅拉多河蟾蜍並沒有「癩蛤蟆想吃天鵝肉」的夢想，在牠的菜單上，主要有小老鼠、昆蟲及小型爬行動物和其他的蛙類。牠們看起來和其他癩蛤蟆沒什麼區別，然而，你如果想養一隻科羅拉多河蟾蜍，卻很可能惹上官司。2007年，美國密蘇里州克萊縣曾有人弄來了一隻科羅拉多河蟾蜍，在警察叔叔確定他打算將蟾蜍的分泌物用於娛樂目的後，這個人被控藏有管制物品！換句話說，政府認為這人有吸毒傾向。

這可不是大驚小怪！因為科羅拉多河蟾蜍皮膚上生有發達的毒腺，一旦受到刺激，就能分泌一種乳白色、特殊的黏液！顯然，牠是打算用這種分泌物來教訓那些討厭的捕食者。事實也正是如此，不過這教訓的過程，呃，有點令人不舒服。人們發現，在牠出現的地方，如果有狗或貓舔了牠一次之後，就會好上這一口，有意無意的再舔，再再舔……以至於主人不得不把愛寵送進戒毒所。

原來，科羅拉多河蟾蜍的這種分泌物中不僅有可威脅性命的毒素，一旦過量就容易一命嗚呼，更含有兩種特別的成分：5–甲氧基二甲基色胺和蟾毒色胺。這兩種名字拗口的毒素能讓舔牠的貓狗，甚至人產生強烈的迷幻感——所以在嬉皮年代，有些嬉皮士為了尋求刺激甚至會「舔蟾蜍」，可以說，這種蟾蜍的特長，就是製作迷幻藥，叫牠「迷幻蟾蜍」也是實至名歸。

可怕的臭蟲

你見過臭蟲嗎？好吧，從名字就讓我們覺得，牠是個不怎麼討人歡喜，甚至有點令人噁心的傢伙。

事實也是如此，仔細瞧瞧這個傢伙，小小的，約有蘋果籽那麼大，紅棕色的身體，體寬和體長幾乎相同，沒有翅膀，仔細一看，身上似乎還有細細的毛……尤其值得注意的是，這傢伙經常拖著一個圓滾滾的、紅紅的肚子——毫無疑問，裡面很可能裝滿了我們人類的血，只需用手輕輕一按，「噗——」的一聲，臭蟲便宣告完蛋！

無處不在的臭蟲

然而，事情並沒有這麼簡單。臭蟲們平時大部分時間都悄悄的躲在床墊、家具、地板和木製品的縫隙裡，或藏在電影院、收納箱、寵物身上、天花板、火車上（簡直只有你想不到，沒有牠們躲不到的地方），等到凌晨2點到5點之間再出動——人體排出的二氧化碳、熱量以及其他化合物都能引導臭蟲們找到我們。

一旦找到，臭蟲便會對準美味的人類，伺機來上一口、兩口……牠們用口器刺穿宿主的皮膚時，會在皮膚上留下兩個微小無比的孔洞，這是因為臭蟲的口器有兩條空心的進食管：一條用來向「獵物」注射含有抗凝血劑和麻醉劑的唾液，另一條用來從「獵物」那裡吸取血液。

臭蟲為什麼難以對付

雖然臭蟲只吸吮血液，並不像蝨子、蚊子、蜱蟲牠們那樣傳播疾病，也不像老鼠、蟑螂那樣危害人們的財產，但牠們的叮咬會讓人感到奇癢無比，而且覺得沮喪。想想看，我們人位於食物鏈的頂端，卻對一隻臭蟲無可奈何——牠們緊跟著我們，防不勝防，不容易找到，而一旦在什麼地方，比如床具或衣物上安家，又很難被清除，即使是專門的殺蟲劑也難以消滅牠們。除此之外，臭蟲雖然不會飛，但移動迅速，繁殖力強大，「英雄」的臭蟲母親甚至可以在其短短一生內產下幾百個卵，牠既不用為孩子建立棲息場所，也不需要照顧後代，孩子就會自然而然的從卵內孵出，變成若蟲，最後成為一隻討厭的臭蟲！更令人難以接受的是，臭蟲之間也會訊息共享，可以依靠費洛蒙和利他素傳遞有關生活和繁殖的訊息。

TIPS
臭蟲檔案

姓名：臭蟲，在中國古時又稱床蝨、壁蝨
英文名：bed bug
種類：世界上大約有 75 種臭蟲
類別：半翅目臭蟲科
生命週期：不完全變態，一生有卵、若蟲和成蟲 3 期
出行時間：夜間為主
飲食偏好：血──人、狗、貓、鳥和其他很多內溫動物的血

值得我們慶幸的是，任何一種生物都有「罩門」，臭蟲也不例外。是的，牠們不怕冷，即使溫度下跌至 –10˚C，臭蟲仍然能夠存活至少 5 天。但臭蟲怕熱，當溫度高達 46˚C 時，只要停留 7 分鐘的時間，所有臭蟲──不管牠們當時處於哪個生命階段──都會熬不過，必然死掉，所以，用高溫向牠們發起挑戰吧！

住在我們頭髮裡的蟲子

這真是一件蠻令人頭疼的事——有一種蟲子哪都不住，偏偏要住在我們的頭髮裡，靠吸食人類的鮮血為生，牠們就是蝨子，準確的說，應該被稱為「頭蝨」。

更令人頭疼的是，每個人都有可能染上頭蝨，一旦發現自己出現了頭蝨，那牠們很可能已經有 20 隻以上了！牠們的叮咬會導致人頭皮發癢，而持續的抓撓會引起皮膚過敏，甚至感染。值得慶幸的是，牠們不會傳染疾病，而且有頭蝨不代表你不注意個人衛生。

一隻頭蝨的個人檔案

和很多昆蟲一樣，頭蝨的一生可以分為 3 個時期。最開始，牠們是小小的卵，大約只有這本書上的「·」那麼大，呈黃色、褐色或灰色，橢圓形。大約 6 到 9 天後，這些卵孵化成了幼蟲（沒有孵化的便是死亡了，死亡的卵是暗色的，有點像晒乾了的超小號葡萄）。幼蟲和媽媽的模樣相似，只是個頭更小，這些傢伙一出世便迫不及待的投入到吸血生涯中（每隔 4 到 6 個小時就吸一次）。再過大約一個禮拜，經過 3 次蛻皮之後，幼蟲就發育成了可以結婚生子的成蟲：身體扁平，灰色，體長在 2 到 4 毫米之間，沒有翅膀，因此無法飛翔，也不會跳或蹦，只會爬。成蟲的壽命大約是 27 到 30 天。

頭蝨很少會主動離開自己的主人，因為牠們只能適應正常人體表的溫度和溼度，一旦找不到人的頭髮居住，便會在兩天內死亡。但也有例外，比如牠們可能會有意無意的留在主人用過的帽子、梳子、毛巾或臥具上，而一旦另外有人使用了這些用具，頭蝨也不介意換個主人。另外，如果兩個人「頭碰頭」的話，蝨子也可能會從一個腦袋爬到另一個腦袋上！這也是小朋友為什麼更容易染上頭蝨的原因，因為他們更喜歡玩有身體接觸的團體遊戲，並經常和別人分享個人用具。

消滅頭蝨的方法

當然，沒有人願意在自己的頭髮上養頭蝨。如何對付牠們呢？最好的辦法是一開始就拒絕。為此，我們可以盡量避免頭跟頭的親密接觸，不要共用頭上用具，包括梳子、裝飾用品等。

如果已經染上頭蝨，也沒什麼大不了。事實上，很可能在人類誕生的時候就有了頭蝨。針對牠們，人類已經總結了許多辦法。比如，頭蝨個頭微小，跑得又快，因此抓住牠們並不容易，好在頭蝨卵就不一樣了，它們不會動，而且常常待在皮膚的髮根部位——頭蝨媽媽十分精明，牠們知道那裡更容易保溫，有助於自己的寶貝順利孵化。只要找到它們，「噗」的一聲捏死就行啦！沒有了卵，久而久之，頭蝨也就消失啦。

此外還可以使用溼梳法。溼梳法是先將頭髮用水或護髮素打溼，再用特製的密齒梳子將頭髮一束束梳通——這樣就能梳走一部分蝨子成蟲和幼蟲啦，每隔 3 至 4 天就梳一次，一兩個星期後就能把牠們趕走了。同時，還可以使用滅蝨洗髮精（需嚴格按照產品的說明使用喔）。

還有一個很重要的辦法就是徹底大清洗，把染上頭蝨的被子、床單、衣服、帽子等通通用熱水洗滌，再用烘乾機進行至少 20 分鐘的熱烘（頭蝨怕高溫）；而那些不能水洗的用具，就乾洗或者裝在密封的袋子中兩個星期，讓牠們再也吸不到血，從而徹底消滅牠們！

TIPS
你有頭蝨了嗎？

具體表現：頭皮奇癢，有時在頭皮、頸肩部位出現小的紅色斑點。

這些傢伙的屁又響又臭還傷人

放屁，尤其是冷不防放出一個又響又臭的屁實在讓人尷尬，如果在公眾場合，那就更別提啦。但對有的動物來說，這是一個上好的自保手段。比如，投彈甲蟲，也有人叫牠「放屁蟲」——這真是令人討厭的名字，是不是？可是，不得不承認，這個名字也很形象：放屁蟲的確常常「放屁」。

「放屁」也是一種自衛

放屁蟲屬於步行蟲科，鞘翅目，這是一個龐大的家族，成員幾乎分布全世界，牠們大多數有著非常美麗的金屬光澤和色彩。如果單單看外表，很難想像這是個擅長放屁的傢伙呢。

但事實就是事實，有人曾經親眼見識過這傢伙是怎麼用「屁」擊退一隻看起來蠻可愛的螳螂，螳螂也是著名的昆蟲殺手。當時，那隻穿著綠色、近乎透明衣服的螳螂，抬著三角形的小腦袋，瞪著兩隻大突眼，兩條前足合起來舉在胸前，穩穩的躲在草叢裡，一動不動……牠在等待著獵物，雖然牠已經等了很久，但牠向來有的是耐心。這時，一隻放屁蟲慢悠悠的過來了，螳螂舉起了前足……然而，就在此時，放屁蟲的屁股「噗」的噴出了黃色的煙霧，那聲音有點像爆炸聲，又響又臭！結果可想而知，那隻螳螂沒有發動戰爭，相反，牠飛快的跑掉了，放屁蟲大獲全勝！

如何練成「放屁」絕招

話說放屁蟲為什麼會放屁呢？原因就在牠的身體結構裡。在放屁蟲的腹部有兩個特殊的腺體，它們會分別製造、儲存「對苯二酚」和「過氧化氫」這兩種化學物質。一旦感到遭受威脅，放屁蟲就會「情不自禁」的收縮肌肉，讓對苯二酚和過氧化氫流進自己體內的另一個「房間」，即「爆炸腔」。然後，這兩種物質混合在一起和「爆炸腔」內的生物酶發生劇烈的化學反應，瞬間產生熱乎乎的毒霧，並從腹部尾端的小孔狂噴出去。好吧，放屁完成！據說，有的放屁蟲在耗盡「儲存」之前可以放20次屁！幾乎所有昆蟲都無法對抗放屁蟲的這種屁（或者說「毒霧武器」）。

據說，放屁蟲的屁還能對抗蟾蜍，也就是那種被稱為「癩蛤蟆」的大個子，牠們也是名副其實的昆蟲殺手，但同樣無法對付放屁蟲。有人曾親眼見過一隻蟾蜍在一隻放屁蟲還沒「放屁」之前，就快速的伸出舌頭，把牠吞進了肚子裡。結果，哈哈，沒多大一會兒，這隻倒霉且可憐的蟾蜍又把放屁蟲吐了出來（顯然，很可能是放屁蟲在蟾蜍肚子裡「噗噗」的放屁，把牠噁心壞啦）。而那隻放屁蟲還活著，並且完好無損的活了幾個月，最後壽終正寢了！

一條大蛆一人高，還好牠變不成蒼蠅

軟綿綿的青蟲，扭來扭去的蚯蚓，還有臭烘烘的蛆……小朋友們是不是討厭這些蟲子呢？如果告訴你們，有一種叫「船蛆」的軟體動物能長到 1.5 公尺長，形狀就像一根大號棒球棒，你們會不會噁心到吐出來？

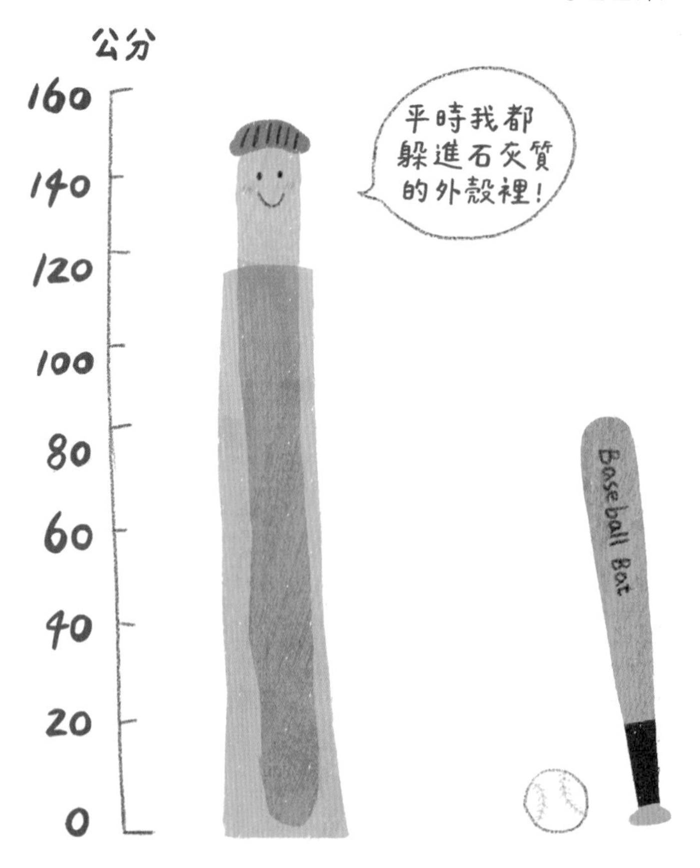

船蛆的分類

船蛆其實是一大類動物的總稱，生活在海水中。大多數船蛆能鑽進木製船身中，以木頭為食。牠們雖然名為「蛆」，卻跟蒼蠅的幼蟲沒有半點關係。相反，牠們是雙殼綱動物，這個殼寫作「貝殼」的殼，也就是說，牠們和產珍珠的蚌類，還有我們平時吃的蛤蜊是一家。所以，不用擔心了，牠不會變成一人高的大蒼蠅。

作為一種雙殼類，船蛆的兩片殼瓣沒那麼大，而是退化成了兩小塊堅硬的「骨頭」，戴在頭上。於是，這兩片殼就變成了長在船蛆頭上的「鐵鍬」，船蛆一邊利用它在船身上挖隧道，一邊大快朵頤，別提多方便了。牠們能把厚厚的木頭船身蛀通，讓漁民們十分頭疼。也正因為如此，船蛆還有個更正式的名字，叫蛀船蛤。

船蛆的奇異生活

不過，我們開頭提到的大號船蛆卻是個異類。這種大船蛆生活在菲律賓海底，碩大的身子呈現出豎直的姿態，完全埋在淤泥中。牠頭上的兩片殼瓣完全閉合，長長的身體會分泌石灰質的外殼，包裹住牠胖乎乎的身體。牠不破壞船、不吃木頭，只是安安靜靜的待在海底，就能把自己餵飽。300 多年前，人們就知道牠的存在了，但直到最近，科學家才有辦法從海底撈出活的大船蛆，親眼見識牠的活體，弄清楚牠是怎麼把自己養這麼大的。

原來，大船蛆在自己的身體裡養了許多細菌。這些細菌非常厲害，它們可以進行「化學合成作用」，也就是說，在漆黑的海底，不需要陽光，就能以海底一種叫「硫化氫」的臭氣為原料，生產出有機物。它們生產出的有機物中，一部分是自己的口糧，還有一部分要拿給大船蛆吃。畢竟住在別人的身體裡，細菌就像房客，總要付給房東租金的嘛。而細菌和大船蛆這種房客房東和諧相處的模式，被生物學家們叫作「互利共生關係」。細菌住在大船蛆肚子裡，得到了舒適的住處；大船蛆有了化學合成細菌這個幫手，也不用像自己的其他小兄弟那樣東奔西跑找吃的、還遭漁民嫌棄了。大家互相幫助、互惠互利，一加一大於二。生物界就是這麼神奇。

20

蟑螂是「髒」螂嗎？

有些髒兮兮的傢伙常常在我們人類家裡進進出出，當然牠們是不請自來，比如，蟑螂同學。

蟑螂同學一向比我們人類更有資格稱自己是「地球土著」，早在距今3億年前，蟑螂的祖先就已經出現在地球上。牠們曾和恐龍一起生活，後來恐龍消失了，牠們又和新的霸主人類共享一個地球。直到現在，世界上依然生活著4000多種蟑螂，牠們大多數住在野外，與我們人類共住的約有10種。

蟑螂的生存絕技

能在地球上頑強生存這麼多年，毫無疑問，蟑螂們是有絕活的，「星爺」周星馳甚至「尊稱」牠們為「小強」。這個外號的確形象、準確又生動。蟑螂的生命力十分強悍，相信「招呼」過牠們的人們都深有體會，這些傢伙好像是趕不盡殺不絕，能躲過驅蟲劑的槍林彈雨，要想把牠們驅逐出家門總要費上好大力氣，有時更可能白忙一場！即使你親手捉住了一隻蟑螂，「砍掉」牠的頭，牠也可以再活上幾天才死去——而且啊，牠不是疼死的，而是餓死的。

雖然蟑螂很強大，但我們卻不喜歡牠們，尤其不想和牠們共享房間，這不僅因為牠們常常不請自來，外表不夠萌，還有個重要理由：我們普遍認為牠們整天在垃圾、食物之間穿來穿去，髒！

蟑螂為什麼「髒」

科學家卻認為，這麼說並不完全正確，他們認為，蟑螂的身體都是由光滑的幾丁質外骨骼構成，不容易沾附髒東西。另外，蟑螂對自身的清潔工作也十分重視，一天之中，牠們除了吃飯睡覺之外，一有時間就「清潔」身體：用腳把長長的觸角勾過來放在嘴巴裡，按著順序一節一節的、仔細的「咬、咬、咬」再放開，即使腳也一樣，也要放到嘴巴裡清潔一番，總而言之，清潔工作是牠最常幹的活之一，這個原因也很容易理解，蟑螂的感覺主要靠觸角、尾毛和遍布全身的、細小的感覺毛，為了確保自己可以感覺到周圍的情況，牠必須保持這些感覺毛是乾淨的。

不過，即使蟑螂十分愛乾淨，從我們人類的角度來說，那些一定要和我們住在一起的蟑螂依然是害蟲，牠們是一系列細菌，比如沙門氏菌、葡萄球菌和鏈球菌等的溫床，還是一種容易導致哮喘復發的致敏原。這些細菌雖不是牠們生產的，卻由牠們攜帶、傳播，當蟑螂們在水溝、食物殘渣、垃圾堆等地方活動時，身上很容易沾上細菌，某些細菌也會進入牠們的消化道，和牠們共生一段時間，而當蟑螂進食或路過人類的食物時，便輾轉把這些討厭的細菌傳播開來……

也難怪我們把牠看成「髒」螂了，畢竟牠們乾淨了自己，卻給我們人的健康帶來隱患。

來點蟑螂奶？它比牛奶有營養

很多人都覺得，有一杯奶才稱得上是一頓像樣的早餐。現在我們喝的奶大多來自乳牛、山羊和綿羊。不過科學家建議：如果你想換換口味，不妨試試蟑螂奶。

先別急著拒絕。研究顯示，蟑螂奶非常有營養。而且，確實有一些科學家開始打起蟑螂這類小昆蟲的主意了，指望把牠們馴化成超小型的家畜。

當然，也不是所有蟑螂都能產奶，只有名叫「太平洋甲蠊」的蟑螂才有這個本事。這是世界上唯一的一種胎生蟑螂。牠不像普通昆蟲那樣排出待孵化的卵，而是像人一樣直接生出幼兒。蟑螂媽媽能用體內分泌的奶水餵養自己的寶寶，奶水裡含有一種蛋白質晶體。從2004年起，醫藥學家們就開始研究這種蟑螂腸道中的晶體了。

為了知道更多這種晶體的事情，科學家就得近距離觀察它。要想看到一個東西，就得照亮它。要觀察原子或分子，就得拿短波長的光去照亮它。我們常聽說的X射線就是一種短波長的光，而且它的波長正好可以「照亮」一些蛋白質晶體中的原子。晶體中的原子會讓X射線發生散射，從而呈現出特定的花紋——科學家們把這種花紋叫作「X光繞射圖像」，並可以通過它反向推演出晶體結構裡原子的排列方式。

有效日期：20220601
Milk
高品質
蟑螂奶
營養標示
項目 每份 每100毫升
熱量 62.6大卡 31.3大卡
蛋白質 6.6公克 3.3公克
脂肪 0公克 0公克
碳水化合物 9.2公克 4.6公克
配料：蟑螂奶
保存方式：2°C～6°C
冷藏
Fresh Milk
淨含量：200毫升

X 光繞射圖像顯示了蟑螂奶中蛋白質晶體的化學組成。它告訴我們這種奶的確是一種「全能食品」，甚至富含人體無法自己生產而又必需的胺基酸，營養價值是牛奶的 3 倍，可以給人體的生長發育提供全面而豐富的營養。

有些科學家希望把蟑螂奶轉化成一種蛋白添加劑，讓飢餓地區的人們填飽肚子。但是，要像養乳牛那樣大量提取蟑螂奶怕是有點困難。我們得養一大群蟑螂，為了提取乳汁還得全部殺掉，最後只能得到一點奶。這樣可有點得不償失啊！

不過我們還有另一個辦法：在發酵罐裡用乳酸菌製作蟑螂奶。生物工程師能把新的基因加到乳酸菌的身體裡，「敦促」它們製造很多東西，比如藥物。如果要乳酸菌生產蟑螂奶，只要把蟑螂產奶的相關基因移植到它們身上就好啦。

當然，就連科學家自己都承認，要把蟑螂奶投入工業生產，還有很長的路要走。在這之前，我們不妨問問自己：「來杯蟑螂奶」的「美好未來」，我會喜歡嗎？

生物飯店：奇奇怪怪的食客與意想不到的食譜

史軍／主編

臨淵／著

你聽過「生物飯店」嗎？
聽說老闆娘可是管理著地球上所有生物的吃飯問題，
任何稀奇古怪的料理都難不倒她！

動物的特異功能

史軍／主編

臨淵、楊嬰、陳婷／著

在動物界中，隱藏著許多身懷絕技的「超級達人」！
你知道牠們最得意的本領是什麼嗎？

當成語遇到科學

史軍／主編

臨淵、楊嬰／著

囊螢映雪，古人可以用來照明的螢火蟲，是腐爛後的草變成的嗎？
快來跟科學家們一起從成語中發現好玩的科學知識！

花花草草和大樹，我有問題想問你

史軍／主編

史軍／著

最早的花朵是怎麼出現的？種樹能與保護自然環境畫上等號嗎？多采多姿的植物世界，藏著許多不可思議的祕密！

星空和大地，藏著那麼多祕密

史軍／主編

參商、楊嬰、史軍、于川、姚永嘉／著

除了地球之外，廣闊的宇宙中還會有其他生命嗎？
如果有，這些生命會是什麼樣子呢？

恐龍、藍菌和更古老的生命

史軍／主編

史軍、楊嬰、于川／著

地球上出現過許許多多種不同的生命型態。
快來坐上時光機，收尋古老生命的祕密！

國家圖書館出版品預行編目資料

好髒的科學：世界有點重口味／史軍主編;臨淵,陳婷,
鄭煒等著.——初版一刷.——臺北市：三民，2022
面；　公分.——（科學童萌）

ISBN 978-957-14-7383-3（平裝）
1. 科學 2. 通俗作品

307.9　　　111000565

好髒的科學：世界有點重口味

主　　編｜史軍
作　　者｜臨淵　陳婷　鄭煒 等
封面設計｜DarkSlayer
插　　畫｜段琳凱
責任編輯｜朱永捷
美術編輯｜杜庭宜

發 行 人｜劉振強
出 版 者｜三民書局股份有限公司
地　　址｜臺北市復興北路 386 號 (復北門市)
　　　　　臺北市重慶南路一段 61 號 (重南門市)
電　　話｜(02)25006600
網　　址｜三民網路書店 https://www.sanmin.com.tw

出版日期｜初版一刷 2022 年 4 月
書籍編號｜S300360
I S B N｜978-957-14-7383-3

主編：史軍；作者：臨淵、陳婷、鄭煒 等；
本書繁體中文版由 廣西師範大學出版社集團有限公司 正式授權

圖書許可發行核准字號：文化部部版臺陸字第 110439 號

三民書局